U0196386

图书在版编目（CIP）数据

叶形变变变 / 王瑜著 . -- 上海 : 少年儿童出版社，2024. 11. --（多样的生命世界）. -- ISBN 978-7-5589-1982-4

Ⅰ. Q94-49

中国国家版本馆 CIP 数据核字第 2024HJ3006 号

多样的生命世界 · 萌动自然系列 ④

叶形变变变

王　瑜　著

萌伢图文设计工作室　装帧设计

黄　静　封面设计

策划 王霞梅　谢瑛华

责任编辑 王霞梅　美术编辑 施喆菁

责任校对 黄　岚　技术编辑 陈钦春

出版发行 上海少年儿童出版社有限公司

地址 上海市闵行区号景路 159 弄 B 座 5-6 层　邮编 201101

印刷 上海雅昌艺术印刷有限公司

开本 787 × 1092　1/16　印张 2.5　字数 9 千字

2025 年 1 月第 1 版　2025 年 1 月第 1 次印刷

ISBN 978-7-5589-1982-4/N · 1305

定价 42.00 元

本书出版后 3 年内赠送数字资源服务

上海市科委科普项目资助
（项目编号：23DZ2302700）

多样的生命世界 萌动自然系列 ④

叶形变变变

王 瑜/著

我是动动蛙，欢迎你来到“多样的生命世界”。现在，就跟着我一起去植物王国游历一番吧！

密码：dydsmsj#AmazingLeaves

少年儿童出版社

遍布世界的植物

我们生活的地球上，到处都生长着植物。从酷热的热带地区，到严寒的极地，从高耸入云的山峦，到幽深峻峭的峡谷，从干旱荒寂的沙漠，到潮湿丰水的河湖流域，植物遍布于世界的每个角落。

全世界大约有 40 多万种植物，它们有的长成数十米高的大树，有的形成密密丛丛的灌木，有的是柔弱纤细的小草，还有攀援、缠绕的藤蔓，随波逐流的水草……

雨林

高山草甸

灌丛
荒漠
农田
混交林
湿地

真正的叶

种子植物的叶

叶，是最具植物特征的器官之一，也是植物进行光合作用、制造有机物、产生氧气的主要场所。

大多数种子植物、蕨类植物都具有明显的叶，而苔藓、地衣、藻类等植物则只有类似叶的器官组织。我们通常所说的植物的叶，指的就是种子植物的叶。

蕨类植物的叶

苔藓

地衣

藻类

叶叶不同

植物的种类繁多庞杂，形态各异，它们的叶也因此大相径庭，不仅有各种形状，长短宽窄也各不相同。叶的形状、大小以及着生方式，是辨别不同植物最基本的方法。

即便是同一种植物，生长在不同的环境里，或者着生的部位不同，它们的叶有时也会有所差异。

台湾相思树

完全叶

大多数植物的叶都有一些基本结构。一片完整的叶，由叶片、叶柄及托叶三个部分组成，称为完全叶。如果缺少了其中的某一个或两个部分，就称为不完全叶。有些植物的叶没有叶柄，另一些则没有托叶。台湾相思树的小叶片退化了，反而由叶柄长成了叶片的形状。

千姿百态的叶

大多数植物的叶都是单叶，即一个叶柄上只长着一片叶子。但是，也有一些植物，一个叶柄上有两片以上的小叶片，叫作复叶。如果你观察不够仔细，有时候就会把复叶上的小叶片当成是单叶，也会把叶片分裂很深的单叶当成复叶。区别单叶还是复叶，最重要的就是要判断叶片是否通过叶柄连着小枝。

单叶

复叶

像手掌

说到复叶，还真有一点儿“复”杂。有一类复叶叫掌状复叶，顾名思义，这些植物的复叶像手掌那样展开，长着不同数量的小叶片：酢浆草有三片小叶片，黄荆有五片，七叶树当然就有七片小叶片咯。

七叶树

像羽毛

还有一类复叶叫羽状复叶，意思就是这些复叶上的小叶片都像羽毛一样，排列得整整齐齐。

不同植物的羽状复叶，样子也不一样。有的羽状复叶上的小叶子数量是单数，有的是双数；有的羽状复叶分裂两次甚至三次，上面的小叶片同样有单数和双数的差别，整片复叶看上去密密麻麻的。

合欢

动动蛙笔记 不一样的复叶

叶生于枝

植物的叶长在茎枝上。有些植物的叶子却好像是从泥土里直接长出来的,这是因为它们的茎很短。

叶子在茎枝上的着生方式各不相同：有的左右对称，有的左右错位，有的在茎节上排成一轮，有的密集成一簇。但是，不管是哪种着生方式，相邻的茎节上的叶总是不会相互重叠的。

从叶尖到叶基

大多数平展的叶片，都有叶尖、叶基和叶缘，它们的不同形状，成为辨别不同植物最直观的依据。

叶尖也就是叶片的顶端。不同的植物叶，叶尖有的尖，有的钝，有的凹，有的细长呈尾巴状，有的甚至还会变成芒刺或卷须。

叶基就是叶片的基部，靠近茎枝。它的形状也很多变，有的渐渐变狭，有的凹成心形，甚至抱住茎枝。大多数植物的叶基都是对称的，不过也有一些叶基歪斜的例子。

抱茎苦荬菜

菩提树

锯齿重重

叶片边缘的形状更是变化多端，有的光滑圆润，比如女贞，有的凹凸呈波状，有的像构树那样，叶片深裂形成奇特的形状，还有很多长成了各种形状粗细的锯齿，甚至锯齿上还重叠着锯齿。枸骨的叶子就长得十分“扭曲”，边缘生出了锋利的尖刺！

看上去好恐怖，我可不要在上面待着！

女贞

构树

枸骨

叶中通道

叶脉是叶片通过叶柄与枝干连接的通道。一方面，从根部吸收的水分、无机盐等物质通过叶脉输送到叶片各处；另一方面，叶片进行光合作用后产生的有机物通过叶脉汇集起来，再通过叶柄转送到茎枝和植株的各个器官。

网格密集

不同的植物有不同的叶脉，最常见的就是网状脉。这种叶脉通常有一条或几条明显的主脉，主脉向两侧再分成较细的侧脉，侧脉再分成更细的细脉……最终在整个叶面形成网格状。

向日葵、悬铃木等植物的叶片上，从叶基部发出的主脉有多条，形似掌状。

向日葵

悬铃木

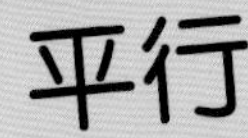

平行

蒲葵

玉米

有一些植物的叶脉整齐排列，接近于平行，所以叫作平行脉。水稻、玉米等的平行脉是从叶基部发出的；芭蕉叶有一根粗大的主脉，侧脉在主脉两边平行排列；蒲葵叶像一把展开的扇子，它的叶脉也随着裂片呈辐射状；铃兰和车前草的平行脉实际上并不十分“平行”，而是有一些弧度的。

分叉

分叉的叶脉比较少见，它指的是各级叶脉分成两叉，这种情形出现在银杏和一些蕨类植物中。

铁线蕨

银杏

撑住！撑住！

叶脉的主要功能除了输送水分和营养物质，还起到重要的支撑作用。叶脉本身是一些粗细不均的管道，具有一定的韧性。无论是哪一种叶脉，都成为支撑叶片形态的“骨架”。没有叶脉，叶片就会软绵无力，耷拉下来。生长在水中的王莲有世界上最大的圆叶。它能承载几十千克的重量而不会沉没，其中一个重要原因就是它的主叶脉十分粗壮，能像伞的骨架一样支撑整个叶面。

叶脉书签

叶脉的纹路自然而美丽，只要想办法去除掉叶片的表皮和叶肉，留下细密的网状叶脉，就可以拿它做成精美的书签了。

1. 选取网状叶脉的树叶，最好是叶面宽大、质地较厚的品种，例如桂花树、茶树、玉兰树的叶，不要选嫩叶哦！
2. 将树叶放入浓度为 10% 的氢氧化钠溶液中，烧煮至绿色的叶片变成深褐色。
3. 用清水反复冲洗叶片，将叶片浸没在水中，轻轻用牙刷将表皮和叶肉刷去，显露出清晰的叶脉。
4. 用吸水纸吸干叶脉上的水分，把它夹在旧书报中，直至叶脉完全平整干燥。
5. 将水彩颜料涂抹在叶脉表面，并充分晾干。一枚漂亮的叶脉书签就做好了！

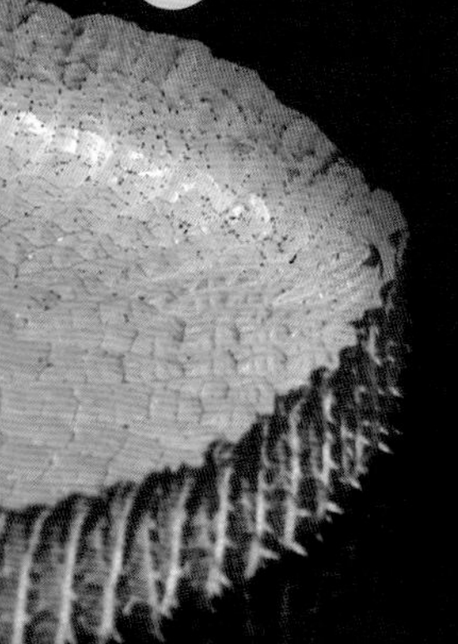

叶形大观园

最常见的叶片形状，无外乎椭圆形、卵形、圆形、披针形、条形、针形等。不过，即便属于同一类叶形，仍然会有不少差异，比如叶片大小不一样，或者叶缘有没有锯齿，是不是有凹缺，还有可能是叶片的厚薄、质地不一样……

绿叶成针

针形叶是松树的特征，常被叫作“松针”，算得上是最“苗条”的叶形了。

树叶和草叶

银杉

银杉和山麦冬都长着细窄的条形叶片，不过它们一个是几十米高的大树，一个是只有几十厘米高的小草，所以，虽然叶片都是条形的，看上去还是很不一样。

山麦冬

从窄变宽

披针形叶比条形叶要宽，比卵形叶要窄，看起来还是比较“苗条”的。桃的叶就是典型的披针形叶。

卵形叶是最普遍的叶形之一，这种叶子的形状和鸡蛋相似，因此得名。樟的叶是典型的卵形叶，靠叶基的部分比较宽，靠叶尖的部分比较窄。

桃

樟

圆而不同

生长在水中的荷叶被坚挺的叶柄高高地托出水面，就像一面面绿色的圆盾。长在枝头的杏树叶形也近乎圆形，只是叶尖拖出了一个“小尾巴”。荷叶的圆叶直径可达到五六十厘米，而杏树叶的直径只有几厘米。

荷花

杏

识叶形，辨种类

有些植物的叶子形状比较特殊，一眼看上去就与众不同。这些植物的叶形成为它们的“标签”，不会和别的植物混淆。而且，叶子的这些特征，也成为了将植物分门别类的依据。

金黄扇叶

银杏是一种古老的裸子植物，早在两亿多年前就遍布世界各地了。由于气候变化，现在地球上绝大多数地方的银杏已经灭绝了，只是在我国浙江的山区还存留了一些野生的银杏树。它们不仅是见证历史的“活化石”，也是我国特有的珍稀树种。银杏树生长缓慢，寿命却很长，最长寿的银杏树已经存活了 3000 多年。

银杏叶呈独特的扇形，每到深秋季节，银杏叶由绿变黄，形成了美丽的景观。

银杏

鸡爪槭

红叶醉秋

和金黄的银杏叶一起组成秋天美景的，还有叶色红艳的植物。

人们习惯叫“红枫”的植物其实是槭树科的鸡爪槭，看看它那分裂的叶片，是不是很像鸡爪。

黄栌的叶是卵圆形的，虽然名字里有个“黄”，但到了深秋，它的叶实际上会变得鲜红。

乌桕长着独特的菱形叶，很少有别的植物叶形和它相似，所以很容易分辨。

黄栌

我要看清这美景，
记到我的脑海里。

乌桕

圆圆龟背

龟背竹不是竹，而是天南星科的一种灌木。它的叶片宽大厚质，轮廓呈卵圆形，整片叶子上有很多条深裂，看上去好像巨龟背上的花纹，所以“龟背竹”这个名字真是太形象了。

“爱心绿叶”

绿萝

有不少植物的叶很像心形，可以把它们叫作“爱心绿叶”。花烛的绿叶和花序下的红色苞叶，就像一绿一红两颗爱心。

睡莲和荷花都属于睡莲科，不过它们可不是一回事。睡莲的叶子通常比荷叶小，浮在水面上，不像荷叶是挺出水面的。睡莲叶近乎圆形，叶基部深凹成心形，也与荷叶的圆盾形截然不同。

绿萝是一种藤本植物，叶色翠绿，四季常青。它的茎枝柔软，或攀缘或悬垂，是家庭及公共场所内最常见的绿化植物。如果你家里也摆放了一盆绿萝，那你一定会喜欢上它的心形叶。

花烛

锦葵的叶片基部凹陷，形成心形。与它同属锦葵科的棉花、木芙蓉等，叶子也有类似的形状。

心形绿叶的植物还有很多，它们分别属于不同的植物类群，像仙客来、瓜叶菊、牵牛花等。你能分清它们谁是谁吗？

棉花

仙客来

瓜叶菊

牵牛花

还有一些植物的叶虽然也是心形的，但叶形凹陷的部位不是叶基部，而是叶的前端。酢浆草就长着 3 片这样的小叶，就像 3 颗爱心。

酢浆草

这么多心形叶，傻傻分不清！

绿叶武林

在绿叶大家族中，不仅有温情脉脉的“爱心”，也有“刀光”与“剑影”。有些植物可谓是绿叶中的“武林世家”。

剑形叶

剑形叶的叶形类似条形，但叶子的顶端尖锐如剑锋。剑形叶在植物世界里可不少见，大多数兰花、竹子、鸢尾的叶都形似宝剑。不过，要说哪一类植物的叶子最像利剑，还要数“叶如其名”的剑麻。剑麻的叶全都簇生在粗短的茎上，每一片叶子都又厚又硬，顶端尖利。

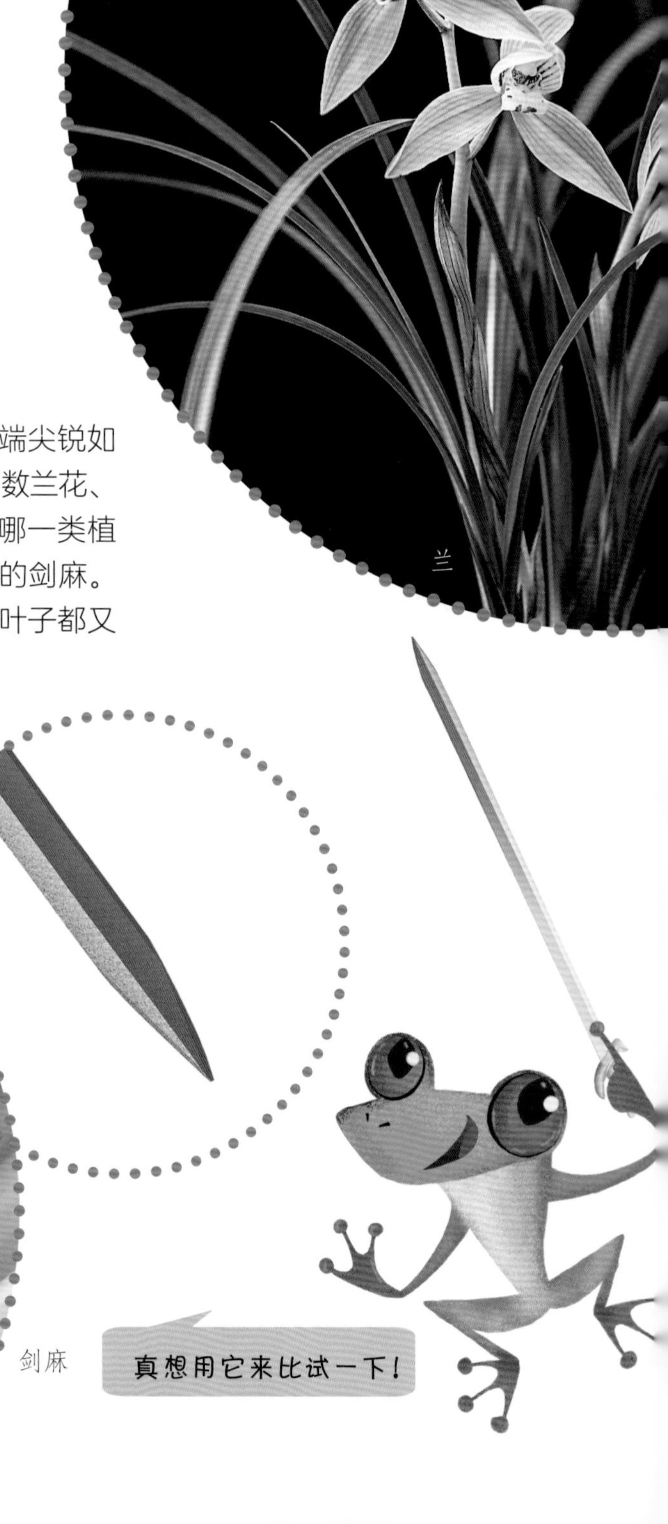

兰

剑麻

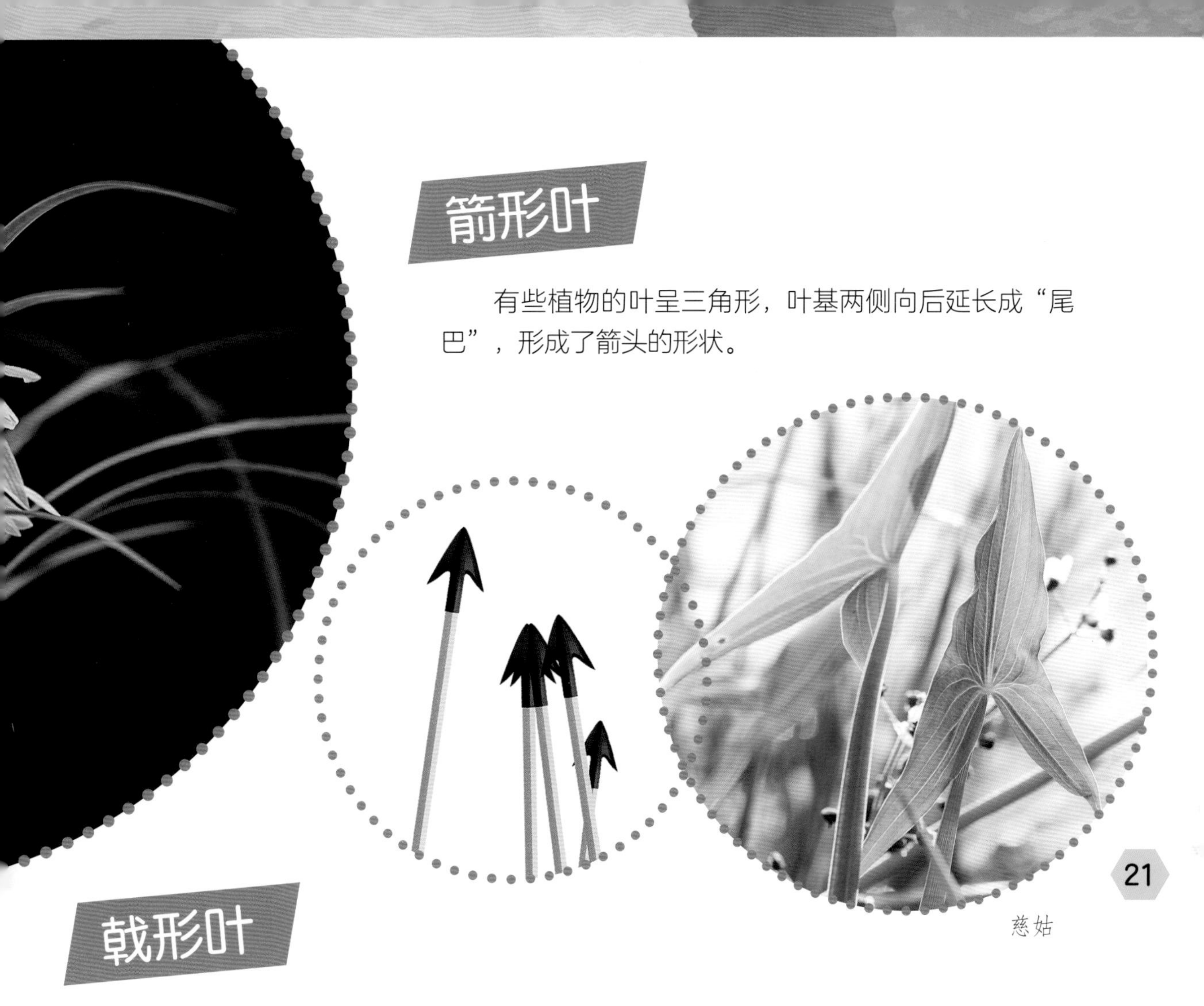

箭形叶

有些植物的叶呈三角形，叶基两侧向后延长成“尾巴”，形成了箭头的形状。

慈姑

戟形叶

另一些类似箭形的植物叶，叶基处的“尾巴”向外翻，形状更像古代兵器中的“戟”，所以称为戟形叶。

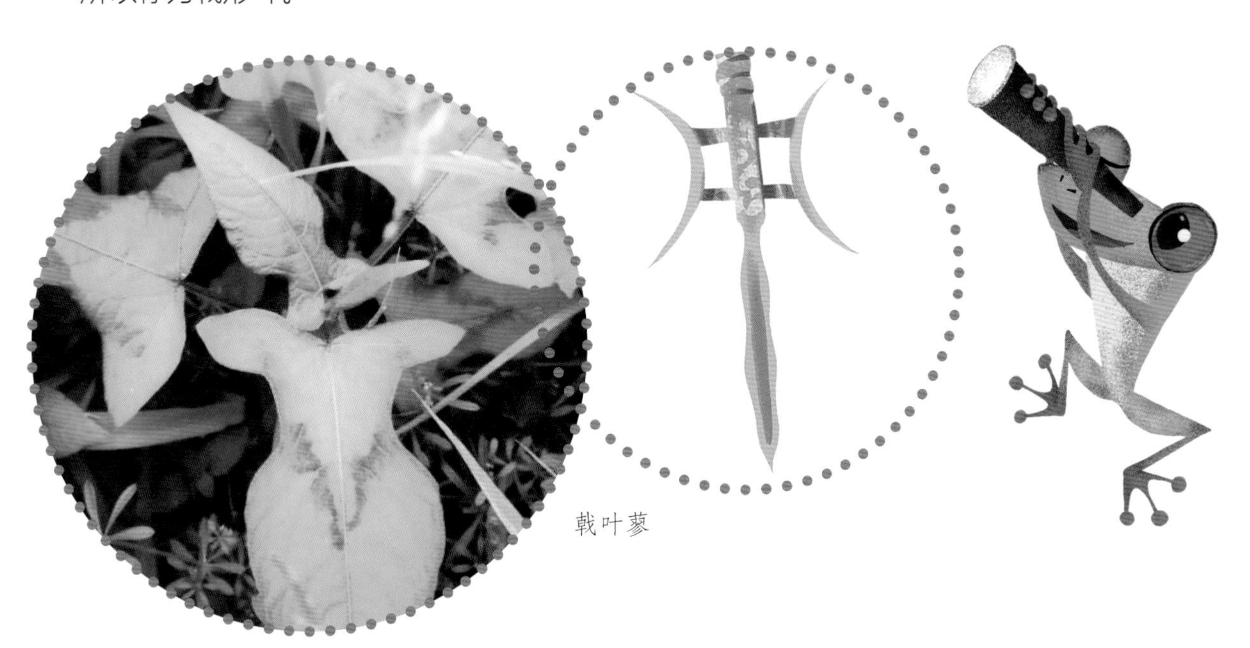

戟叶蓼

“躲猫猫”的叶子

在自然界中，有些植物的叶还会“躲藏”起来……

叶变“花”

三角梅还有另一个名字——叶子花，这个名字倒是说出了它的“真面目”。原来，三角梅紫红色的“花瓣”其实就是它的苞叶，而真正的花朵是苞叶中间的黄绿色小花。

一品红的红色“花瓣”其实是从绿色的叶子“演变”而来的。秋冬季节，气温下降，一品红的绿色苞叶内部悄然发生着变化：叶绿素被破坏，花青素的红色逐渐显现，结果，绿叶竟然变成了朱红色。红色的苞叶在花序下展开，就像是鲜艳的花瓣。

三角梅

一品红

营养叶

有些植物的叶变成了厚实的鳞叶，专门起到储存营养的作用。洋葱头、水仙头、大蒜头、百合等，其实都是围绕着地下茎着生的鳞叶，它们囤积了足够的营养，为来年植物长叶开花做好准备。

百合

叶变态

葱的叶子形成了细长的管形，中间是空心的。

向日葵的花盘下有好几层总苞，它们都是由叶变态而成的，起到保护花盘的作用。

向日葵

守护嫩芽

玉兰是一种先开花后长叶的植物。寒冬刚过，光秃秃的玉兰树枝丫上矗立着一个个小小的花芽，包裹花芽的外壳毛茸茸的，其实这就是由叶片变成的芽鳞，它十分坚硬，能很好地保护柔弱的花芽不受伤害。

玉兰

叶子去哪儿了

尖尖刺

仙人掌是一大类植物的统称，不管是球形、扁圆形或鞭形仙人掌，还是高达 10 米的巨柱形仙人掌，都是该家族的成员。它们的共同特征，就是植株肉鼓鼓的，浑身长满刺，能够开花结果，却看不到绿叶的踪影。

仙人掌的叶子去哪儿了呢?

仙人掌原本生活在热带荒漠地区，气候酷热而干旱。仙人掌类植物经过长期适应，形成了能储存大量水分的肉质茎。而茎上的叶子全都退化成了细密的尖刺，这样能大大减少水分从叶子散失。同时，这些由叶变成的尖刺对植物具有很好的保护作用，能避免肉质多汁的茎被动物轻易噬食。

没有了绿叶，仙人掌绿色的茎代替了叶子的功能，茎细胞里含有叶绿素，照样可以进行光合作用。

卷卷须

豌豆是一种草本植物，但它有一个特殊的本领，就是能够攀爬。豌豆的叶是羽状复叶，叶片顶端的小叶变形成为细长的卷须，只要周围有直立高大的物体，这些卷须就会“主动”攀搭上去，然后一点点延伸、缠绕，并且向上攀爬。豌豆靠着叶卷须的本领，从匍匐在地，到爬上“高枝”，这样就能获得更多的阳光，植株也就能茁壮成长了。

豌豆

菝葜是百合科的一种灌木，通常并不直立生长，而是采取爬藤的方式。它的叶子比较特别，在叶柄上长出两条卷须，它们是由托叶变成的。这些卷须只要搭上周围的大树枝丫，就会紧紧缠绕上去，带着整株菝葜向上伸展。

菝葜

“肉肉”群

“肉肉”是多肉植物的昵称。多肉植物的叶或者茎、根长得特别肥厚，看上去胖嘟嘟的，里面储存了大量水分。这些植物原本分布在热带干旱地区，植物体内水分的储存成为它们生存的头等大事。所以，许多植物演化出肉质的营养器官，成为植物界一道特殊的风景。

多汁的芦荟

芦荟虽然是一种草本植物，但剑状的叶片非常硬挺，边缘和棱上长有很多硬刺，看上去十分“强悍”。芦荟叶着生在很短的茎上，形成莲座状，有些种类的叶面上还有漂亮的条纹。芦荟叶肉质厚实，切开芦荟叶，立刻就会有大量汁液流出。

瓦松

垂盆草

宝石花

景天一族

景天科里的很多植物都长着肉质的叶，而且它们大多有一个好听的名字。瓦松常常自然生长在一些屋顶瓦片缝里，远远看去确实有点像一棵棵“小松树”；莲花掌的肉质叶摊开成掌形，和莲花的花瓣有几分相似；宝石花的叶子密集成簇，宛如花朵，又恰如浑然天成的宝石；青锁龙的肉质叶密密麻麻地覆盖在小枝上，好像一条条青龙伸展；伽蓝的叶子形如汤匙，十分逗趣；还有垂盆草，不仅可以作为盆景观赏，还是一种知名的中药材呢。

生石花

生石花可以说是变态叶中的“极品”！成对生长的叶片变成了两块半圆形的肉质“石块”，不仔细分辨，真的很难把它们和周围环境中的卵石区分开来。生石花原产于非洲的荒漠地区，那里气候恶劣。环境使得生石花的叶子肉质化，这样能够尽可能多地储存水分和养料；叶形变成石头状，叶表皮也很坚硬厚实，这样就不容易被动物啃食了。

食虫一族

植物世界，无奇不有。大多数植物都是食草动物的食物，可是也有一些植物，凭借独特的“招数”，能够出其不意地“反咬”动物一口呢！这些植物常被叫作食虫植物，它们通过食虫的方式来增加自身的营养。而它们的捕猎武器，绝大多数都是从叶子变来的。

“诱虫囊”

猪笼草是一种藤本植物。它的整个叶片分成三段：靠近茎枝的部分和正常的叶片没什么区别，绿色宽展；中间一段变成细长的卷须，可以攀搭在旁边的物体上；叶片的末段演变成一个特殊的捕虫囊。

捕虫囊口有半开着的盖子，盖子下面有许多分泌特殊气味的蜜腺，吸引昆虫前来。囊口内部非常光滑，底部还有黏液。当受到诱惑的昆虫靠近囊口时，很容易滑入囊里，被囊底的黏液粘住，再也无法逃脱。随后，捕虫囊分泌出消化液，将这些自投罗网的昆虫分解吸收。

“粘虫胶”

茅膏菜的叶子上长着密密麻麻的腺毛，腺毛顶端充满黏液。昆虫如果落在叶子上，腺毛里的黏液就会立即释放，像胶水一样粘住昆虫。而且，整片叶子还会卷曲，使得周围的腺毛也都弯曲过来“帮忙”，“七手八脚”地将猎物牢牢困住。

看视频，开眼界！

“感应夹”

捕蝇草的叶子长成了“夹子”的形状，内侧长着灵敏的感应毛，只要有昆虫落在上面，“夹子”立即被触动，瞬间合拢，外缘的刺毛交叉相扣，将昆虫围困在其中无处可逃。

“魔法口袋”

狸藻不是藻类植物，而是一种水生的种子植物。它的叶沉在水下，叶片基部有很多球状的“小口袋”。当水中浮游的小虫子碰到这些“小口袋”时，它们会立即膨胀，把小虫子吸入袋中，然后关闭袋口。狸藻通过这种方式捕获猎物，补充营养。

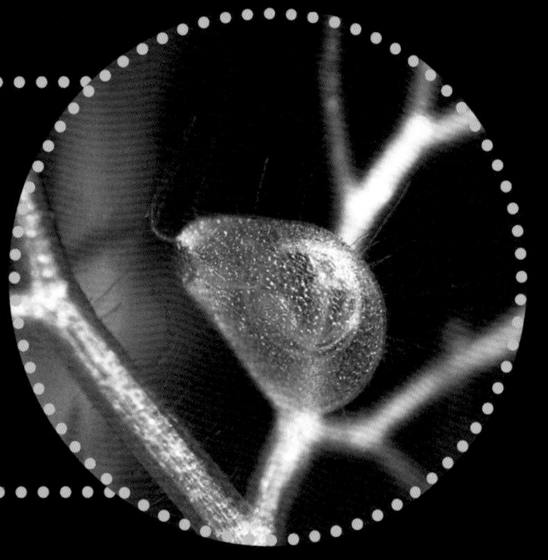

植物标本

植物的种类成千上万，又分布在世界各地，常人一般只能见到其中一小部分，而一些地区特有的珍稀植物更是难以见到。科学家通过野外考察，记录下各种各样植物的形态和生活环境，并将它们采集后做成标本，以便对这些植物进行长期细致的研究，也可以让更多的人了解这些植物。

一件形态完整、制作精细、记录详细、鉴定准确的标本，能让人大致见识到植物原来的样子。

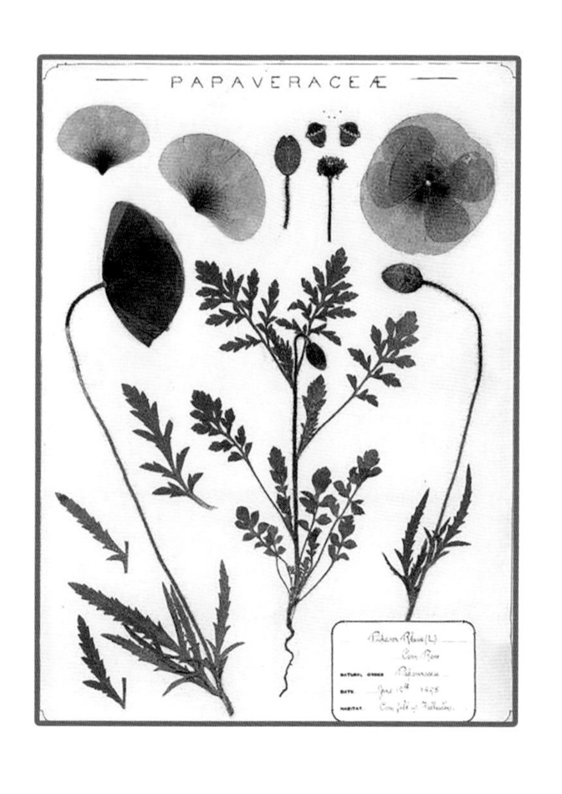

植物标本制作

1 采集

需要准备采集工具，如枝剪、铲子、相机、记录本等。采集的标本要尽量完整，最好有枝、叶、花或果。如果是草本植物，应尽可能采集全株。

2 记录

拍下植物的形态和生境，记录植物所在的产地、气候等信息，简单准确地描述植物的性状，这些都可以用作鉴定和研究的依据。

3 干燥

采用自然干燥的方法，用吸水纸将标本中的水分吸干，吸水纸需多次更换，夹有标本的吸水纸可成摞叠放，并用重物压紧，以加快吸水过程，并使标本更加平展。

4 制作

干燥后的标本还需经过修剪、整形，固定在厚质台纸上，叶片的正反面都要有所呈现。

5 保存

制作完成后的标本需贴上信息记录的标签，并鉴定其种类。标本应放置在干燥、防蛀的环境中，以便久存。

叶之最

植物的种类多达几十万种，它们的叶形千变万化，其中一些特别的种类保持着植物叶的各项“纪录”。

最大的圆叶

最大的圆叶无疑是生长在水中的王莲。它的直径为 2 ~ 4 米，边缘向上卷起，就像一个漂在水面上的大圆盘。王莲的叶脉粗壮，像骨架一样支撑着整个叶面，叶片内部还有许多充满气体的空隙，这使它能承载几十千克的重量而不会沉没。

最长的叶

世界上最长的植物叶，可能是生长在南美洲的亚马孙棕榈。这种棕榈树的树身不高，但叶片巨大，连同叶柄可达 20 多米。棕榈的巨大叶片一般都集中在树干顶部，通常为掌状深裂或羽状复叶，有几十片之多。

苔藓

地衣

绿藻

似叶非叶

苔藓、地衣、藻类等植物没有真正的叶片结构，而只有类似叶片的形态和功能。

柏

最小的叶

大多数柏树都长着鳞片状的叶，大小如芝麻，只有两三毫米长。漂浮在水面上的无根萍可能是世界上最小的种子植物，它全身大小只有 1 毫米左右，不过它并没有完整的叶片结构。

最长寿的叶子

非洲沙漠中的百岁兰长着两片宽大革质的叶片，左右披展，长达数米。随着植物的生长，叶片会分裂成许多宽窄不同的带状裂片。百岁兰的这两片叶子将伴随其终身，能存活几十年甚至上百年之久。